中华医学会灾难医学分会科普教育图书

图说灾难逃生自救丛书

踩踏事故

丛书主编　刘中民
分册主编　郭树彬

绘　图
11m数字出版

人民卫生出版社

图书在版编目（CIP）数据

踩踏事故 / 郭树彬主编 . —北京：人民卫生出版社，2013
（图说灾难逃生自救丛书）
ISBN 978-7-117-18794-7

Ⅰ.①踩… Ⅱ.①郭… Ⅲ.①自救互救 – 图解 Ⅳ.①X4–64

中国版本图书馆 CIP 数据核字（2014）第 172408 号

人卫社官网	**www.pmph.com**	出版物查询，在线购书
人卫医学网	**www.ipmph.com**	医学考试辅导，医学数据库服务，医学教育资源，大众健康资讯

图说灾难逃生自救丛书

踩 踏 事 故

主　　编：郭树彬
出版发行：人民卫生出版社（中继线 010-59780011）
地　　址：北京市朝阳区潘家园南里 19 号
邮　　编：100021
E - mail：pmph @ pmph.com
购书热线：010-59787592　010-59787584　010-65264830
印　　刷：北京盛通印刷股份有限公司
经　　销：新华书店
开　　本：710 × 1000　1/16　　印张：5
字　　数：95 千字
版　　次：2014 年 9 月第 1 版　2019 年 2 月第 1 版第 3 次印刷
标准书号：ISBN 978-7-117-18794-7/R · 18795
定　　价：29.00 元
打击盗版举报电话：**010-59787491　E-mail：WQ @ pmph.com**
（凡属印装质量问题请与本社市场营销中心联系退换）

丛书编委会

人群聚集场面乱，踩踏事故易发生。

沉着冷静稳心态，自救互救保平安。

序 一

我国地域辽阔，人口众多。地震、洪灾、干旱、台风及泥石流等自然灾难经常发生。随着社会与经济的发展，灾难谱也有所扩大。除了上述自然灾难外，日常生产、生活中的交通事故、火灾、矿难及群体中毒等人为灾难也常有发生。中国已成为继日本和美国之后，世界上第三个自然灾难损失严重的国家。各种重大灾难，都会造成大量人员伤亡和巨大经济损失。可见，灾难离我们并不遥远，甚至可以说，很多灾难就在我们每个人的身边。因此，人人都应全力以赴，为防灾、减灾、救灾作出自己的贡献成为社会发展的必然。

灾难医学救援强调和重视"三分提高、七分普及"的原则。当灾难发生时，尤其是在大范围受灾的情况下，往往没有即刻的、足够的救援人员和装备可以依靠，加之专业救援队伍的到来时间会受交通、地域、天气等诸多因素的影响，难以在救援的早期实施有效救助。即使专业救援队伍到达非常迅速，也不如身处现场的人民群众积极科学地自救互救来得及时。

为此，中华医学会灾难医学分会一批有志于投身救援知识普及工作的专家，受人民卫生出版社之邀，编写这套《图说灾难逃生自救丛书》，本丛书以言简意赅、通俗易懂、老少咸宜的风格，介绍我国常见灾难的医学救援基本技术和方法，以馈全国读者。希望这套丛书能对我国的防灾、减灾、救灾工作起到促进和推动作用。

刘中民 教授

同济大学附属上海东方医院院长

中华医学会灾难医学分会主任委员

2013年4月22日

序 二

我国现代灾难医学救援提倡"三七分"的理论：三分救援，七分自救；三分急救，七分预防；三分业务，七分管理；三分战时，七分平时；三分提高，七分普及；三分研究，七分教育。灾难救援强调和重视"三分提高、七分普及"的原则，即要以三分的力量关注灾难医学专业学术水平的提高，以七分的努力向广大群众宣传普及灾难救生知识。以七分普及为基础，让广大民众参与灾难救援，这是灾难医学事业发展之必然。也就是说，灾难现场的人民群众迅速、充分地组织调动起来，在第一时间展开救助，充分发挥其在时间、地点、人力及熟悉周围环境的优越性，在最短时间内因人而异、因地制宜地最大程度保护自己、解救他人，方能有效弥补专业救援队的不足，最大程度减少灾难造成的伤亡和损失。

为做好灾难医学救援的科学普及教育工作，中华医学会灾难医学分会的一批中青年专家，结合自己的专业实践经验编写了这套丛书，我有幸先睹为快。丛书目前共有 15 个分册，分别对我国常见灾难的医学救援方法和技巧做了简要介绍，是一套图文并茂、通俗易懂的灾难自救互救科普丛书，特向全国读者推荐。

王一镗

南京医科大学终身教授

中华医学会灾难医学分会名誉主任委员

2013 年 4 月 22 日

前　言

　　在人员大量集中的场所，由于内部或外部原因，引发相互拥挤、推拉甚至践踏，造成大量人员伤亡的事件称为踩踏事故。

　　随着我国社会和经济的不断发展，大型或特大型社会活动日渐频繁，如大型文娱、体育活动，节假日出行，宗教文化纪念活动等。参加这类活动的人员数量往往十分巨大，可造成活动设施承受能力暂时性不足。由于活动内容的影响，这类人群一般较为兴奋，情绪容易激动且不稳定，极易发生恐慌与混乱。逃生的欲望往往引发人群极端的拥挤、身体碰撞、推拉、摔倒甚至践踏，导致人身安全受到威胁。

　　掌握踩踏事故预防、逃生、避险等方法，可以最大程度地减少人员伤亡和财产损失。为了不让踩踏事故发生在你我身边，我们必须掌握预防踩踏事故发生的方法和出现踩踏事故的自救、互救手段。

　　我们精心制作了《图说灾难逃生自救丛书：踩踏事故》分册，本书以简洁明了的图文形式，介绍了踩踏灾难发生的原因和防治方法。希望通过我们的努力，让更多的人掌握现场逃生、紧急避险的知识和方法。

　　衷心祝福广大读者平安、健康、幸福！

赵中辛

同济大学附属东方医院外科教授

中华医学会灾难医学分会秘书长

2014 年 8 月 10 日

目 录

随着经济发展、社会进步和文明程度的提高,人们的休闲娱乐方式有所增加,常会举办一些大型活动和比赛,这些公共场所成为了人员聚集的地方。

　　城市公共场所人群高度聚集、流动性大,紧急状态时常发生群死群伤的拥挤踩踏事故,造成大量人员伤亡和恶劣的社会影响。该类事故以人群高度聚集为条件,由公众造成又危害公众,具有突发性、公共性、事件多样性和危害性等特点。

认识踩踏事故

　　踩踏事故发生时，叠压在下面的人，几分钟内就会因窒息而死。一些遇难者甚至是直接被踩踏而死。踩踏事故中，有些人肋骨直接被踩断，女士的高跟鞋甚至可以直接踏进倒地者的胸腔、腹腔。据统计，2000—2006年国内外大型活动中发生85起踩踏事故，造成4026人死亡，7513人受伤，平均每起踩踏事故死亡人数约为47人，平均受伤人数约为88人，平均每起踩踏事故都达到了我国规定的特别重大伤亡事故级别。

踩踏事故,是指在聚众集会中,特别是在整个队伍产生拥挤移动时,有人意外跌倒后,后面不明情况的人群依然在前行、对跌倒的人踩踏,从而产生惊慌、加剧拥挤和增加新的跌倒人数,并形成恶性循环的群体伤害的意外事件。

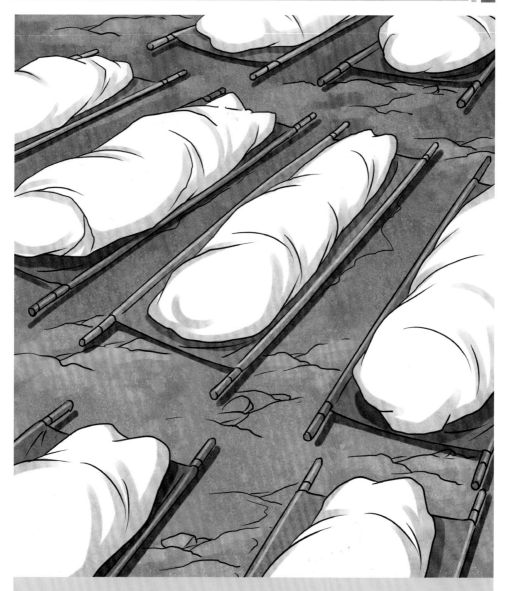

　　世界各个国家和地区均发生过严重的踩踏事故。

　　最悲惨的踩踏事故发生在1990年的麦加。当年7月,大批朝圣者前往阿拉法特山参加朝觐仪式,在通过一条长500米、宽20米的隧道时发生洞内拥挤践踏事件,导致1426人因窒息或被踩踏身亡。这是史上死亡人数最多的一次踩踏事件。

人多拥挤的地方是踩踏事故好发的场所,例如学校、电影院、车站、商场、医院、酒吧、夜总会和运动场等。当拥挤的人群混乱地通过狭窄的通道,例如楼梯、桥梁、室内通道及列车车厢等时,特别容易发生踩踏事故。

　　以下是踩踏事故发生的常见原因：

　　（1）**人群集中场所**：人群较为集中时，前面有人摔倒，后面人未留意，没有止步，极易出现像"多米诺骨牌"一样连锁倒地的拥挤踩踏现象。

　　（2）**遇到突发事件导致恐慌**：人群受到惊吓，产生恐慌，如听到爆炸声、枪声、听信谣言等出现惊慌失措的失控局面，在无组织、无目的的逃生过程中，相互拥挤踩踏。

　　（3）情绪激动难以控制：人群因过于激动（兴奋、愤怒等）而出现骚乱，易发生踩踏，如大型演唱会或体育比赛等。

　　（4）好奇心驱使：专门找人多拥挤处去探寻究竟，造成不必要的人员集中而发生踩踏。

踩踏事故的几个共性特点：

（1）**成拱现象**：人群从宽敞的空间拥向较狭窄的出入口会形成拱形的人群，所有人挤在一起无法通过。这种成拱是一种不稳平衡，构成拱形的各个方向的力量相互推挤，很快就会打破这种暂时的平衡，发生"拱崩溃"，此时大部分人由于突然失去平衡而被挤倒，并被急于出去或者不明情况的后来者踩踏。

（2）**异向群集**：是指来自不同方向的人群相遇时产生的群集现象。紧急情况下人群总是选择走最短路径以到达自己认为最安全的目标。当人群的行进路线发生交叉时，来自不同方向的人群相互冲突、相互阻塞、互不相让，形成对抗，很容易由于拥挤和踩踏而造成大量伤亡。

（3）**异质群集**：在紧急情况下，人们都急于超过那些走得太慢阻挡自己行进的人。行走太慢的人就是群体中的"异质"，随着人群密度的增大，走得慢的人有可能被后面的人推倒或绊倒。

踩踏事件的伤亡者多为老人、儿童和妇女，就是由于这些人最容易成为群体中的"异质"。此外，人群中某些人由于物品掉落，停下来弯腰拾物也会成为引发群体性踩踏事件的"异质"。

踩踏事故

踩踏事故引发的悲剧

1994 年春运期间,湖南省衡阳火车站由于人流过大,在车站管理力量欠缺、警力不足的情况下造成了 33 人死亡、75 人不同程度受伤的踩踏悲剧。

2010 年 11 月 22 日夜间,在柬埔寨首都金边附近,人们在钻石岛庆祝完一年一度的送水节之后,由于游人太多,连接金边市区和钻石岛的狭窄桥梁出现晃动,一些人担心桥梁垮塌,由此引发群众恐慌,最终导致相互拥挤踩踏。这次悲剧事件至少造成 347 人死亡,另有至少 395 人受伤。

2005 年当地时间 10 月 3 日下午 5 时 40 分左右,在韩国庆尚北道尚州市溪山洞尚州市民体育场第三号门发生了一起踩踏事故。当天为"尚州自行车节"最后一天活动——MBC 演唱会,事发当时,在第三号门前等待入场的 5000 多人同时涌向门口,观众在拥挤中跌倒一片,导致 11 人死亡,70 多人受伤。受害者多为老人和儿童等老弱者。

踩踏事故的防范

踩踏事故同时涉及个体和群体伤害,因此踩踏事故的防范不仅要针对个人,也要针对群体,例如单位、学校、社区等,全民普及安全教育。教育是潜移默化的,成年人在社会上都应该以身作则,从点滴小事做起,如文明有序地上下楼、乘坐扶梯时自觉让出一边、不占用应急通道等,减少大型集会时踩踏事故的发生。加强教育、加强防范是避免踩踏事故的第一道防线,也是最重要的防线。

　　在举办各种集会时,政府相关部门要相互协调,避免发生踩踏事故,主要措施有:

　　(1)加强安全意识:安全是头等大事,出了问题对谁都是伤害。个体、单位和社会都要提高安全意识。在人群拥挤的场所,个人、所处场所相关单位以及社会相关部门都要预防踩踏事故的发生,做好应急救治措施。

（2）**做好预防措施**：在大型集会、游行或活动等举行前，警务部门要做好安全防范，防止人群意外骚动；医疗卫生部门要组建应急医疗队，便于第一时间抢救伤员。任务执行期间，不同安保单位之间一定要保持联系，一旦发现异常情况，即可展开全方位的救援工作。

（3）**重视群众**：大型集会的组织方要优先考虑群众的生命安全，要充分考虑各方面的条件，排查安全隐患，通道出口、道路要确保畅通，不要随意设置人为障碍。

（4）**加强监督**：任何的大型活动组织方都要做好申报工作，随时接受安全监督；春运、学生假期期间，车站要及时安排人员做好疏导工作；学校要加强楼梯安全监管，严防踩踏事故的发生。

◉ 应急演练

　　大型集会举办前,组织方和集会所在地区相关部门要进行应急演练,掌握踩踏事故发生后的应急措施。例如拥挤踩踏事故发生后,一方面,第一时间迅速拨打 110 报警电话,等待救援;另一方面,及时拨打 120 急救电话,在医务人员到达现场前,要抓紧时间用科学的方法开展自救和互救。

◎ **个人防范**

要有防险意识,避免进入拥挤的人群。参加公众活动时,首先要看清楚场地的出口和各种逃生标识。

切记:进入场地的通道未必是最安全处。足球场、大型商场等地,除了出入通道,还应观察是否有其他逃生途径。体育场内最安全的地方是球场草地。

　　参加大型集会、活动、游行时,遵守组织方制订的规章制度,服从安全维护人员的安排,切不可贪图自己的方便而置公众危险于不顾。

　　如果赶急要越过前面的人群时,一定注意不要与他人发生身体碰撞,特别是老年人、体弱多病者、妇女和儿童等异质群体。当人群处于下坡行走时,特别容易被后来的超越者撞倒。

　　大型集会中尽量穿平底鞋、防滑的登山鞋等,女性不要穿高跟鞋,因为穿高跟鞋较易失去平衡,事故来临时不方便迅速逃生。

举止文明,人多的时候不拥挤、不起哄、不制造紧张或恐慌气氛。

发现不文明的行为要敢于劝阻和制止。

切记:参加群体性集会时,不要只顾贪图自己的快乐而置周围群众的生命安全于不顾,不要做出损害集会人群安全的行为,也不要散播毫无根据的言论。

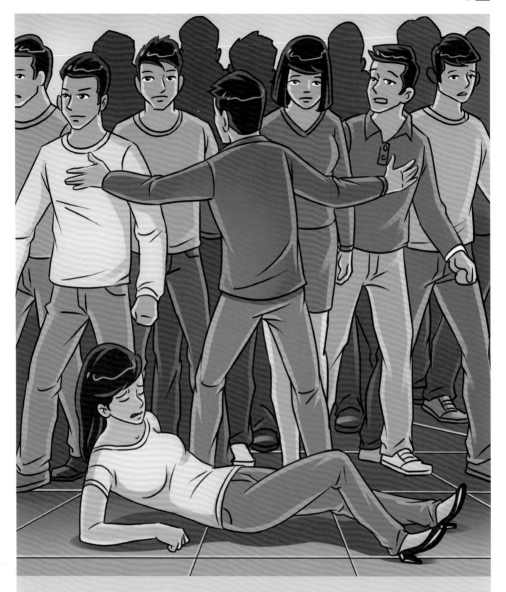

　　在拥挤的人群中,要时刻保持警惕,当发现有人情绪不对,或人群开始骚动时,就要做好准备,保护自己和他人。

　　当发现自己前面有人突然摔倒时,要马上停下脚步,同时大声呼喊,告知后面的人不要向前靠近。一定要及时扶起摔倒的人,避免其成为被踩踏的对象。

钓鱼岛中国的固有领土

  不能进行自我保护的低龄儿童，即使有家长陪同，也最好不要前往集会现场。

  当带着孩子遭遇拥挤的人群时，要尽快把孩子抱起来，因为儿童身材矮小、力气小，面对拥挤混乱的人群，极易出现危险。

  孕妇、老人、体弱病残者不要抱有好奇、看热闹的心态去人群中看热闹，避免成为被踩踏的对象。

　　开车时遭遇拥挤人群,切忌驾车穿越人群,尤其是群众情绪愤怒、激动或满怀敌意时。因为当人群发动袭击,打破窗门,翻转汽车时,可能造成车主受重伤。如果汽车正与人群同一方向前进,不要停车观看,应马上转入小路、倒车或掉头,迅速驶离现场。倘若根本无法冲出重围,应将车停好,锁好车门,然后离开,躲入小巷、商店或民居。如果来不及找停车处,也要立刻停车,锁好车门,静静地留在车内,直至人群拥过。

踩踏事故

重庆家乐福踩踏事故

2007 年 11 月 10 日上午 8 点,重庆市沙坪坝区家乐福商场正在举行 10 周年店庆促销活动,每位顾客可以购买两桶 4 升装单价为 39.9 元的菜籽油,这个价格比平日要便宜 11 元。

活动当日至少有上千人簇拥在门前,这些人大多是五六十岁的中老年人。上午 8 点 30 分,店门打开,不到一分钟,就有数人被挤倒在地。家乐福商场对这样的场面显然准备不足,每个入口只有两名保安和一名警察在维持秩序。他们想立刻关门,但为时已晚,人群汹涌而入。这次踩踏事故共造成 3 人死亡,31 人受伤。

踩踏事故的自救

踩踏事故的发生实际上是由再平常不过的走路引发的,是个体行为所致。如何走路,在当今发生的踩踏事故面前变得异常重要,涉及行为规范、文明素养等一系列问题。换句话说,就是我们每一个人必须要有较高的素质和修养,同时要具备一定的自我保护和防护常识。

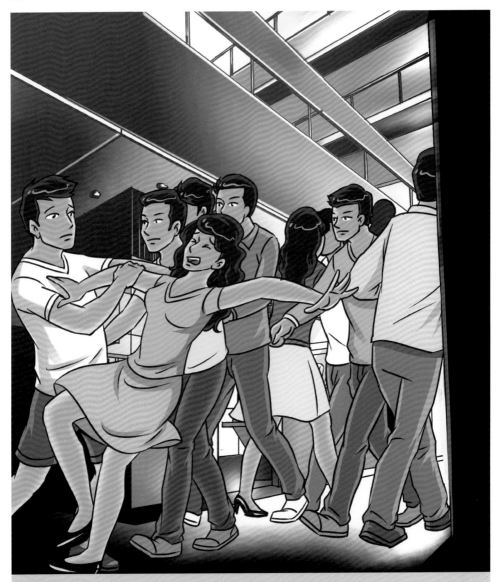

　　遇到拥挤的人群时,应该马上避到一旁,但是不要奔跑,以免摔倒。

　　切记:在拥挤的人群中,千万不能被绊倒,避免自己成为拥挤踩踏事件的诱发因素。

　　如果有可能的话,可到附近的商店、咖啡馆暂时避一避。待人群过去后,迅速而镇静地离开现场。

　　如果时间来不及的话,应快速躲到一旁!有选择的话,请远离玻璃窗,以免因玻璃破碎而被扎伤!

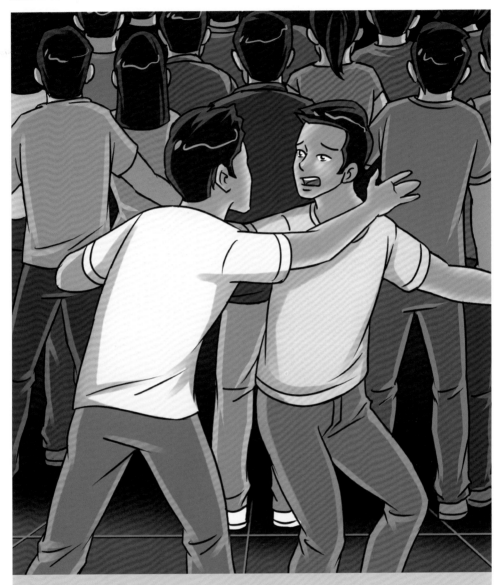

　　当面对惊慌失措的人群时,要保持情绪稳定,不要被别人的情绪带动。"惊慌"可以,万万不可"失措","失措"只会使情况更糟。心理镇静是个人逃生的前提。

　　若身不由己陷入人群之中，一定要先稳住双脚，或牢牢抓住身边任何一种坚固牢靠的东西，例如栏杆、灯柱之类。

　　切记：一定要站稳，待人群过去后，迅速而镇静地离开现场。

　　如已被裹挟至人群中时,要切记应和大多数人的前进方向保持一致,不要试图超过别人,更不能逆行,要听从指挥人员的口令。同时发扬团队精神,因为组织纪律性在灾难面前非常重要,服从大局是集体逃生的关键。

　　在拥挤的人群中,要左手握拳,右手握住左手手腕,双肘撑开平放胸前,形成一定的空间保证呼吸。

　　一定不要采用体位前倾或者低重心的姿势,即便鞋子被踩掉,也不要贸然弯腰提鞋或系鞋带;不要因衣服拉扯而停下整理仪容,这样很容易被人流推倒;尽量不要去捡拾丢下的物品,避免被随后的人群挤压。

若被推倒,要设法靠近墙壁。

面向墙壁,身体蜷成球状,双手在颈后紧扣,以保护身体最脆弱的部位。

两手十指交叉相扣、护住后脑和颈部;两肘向前,护住双侧太阳穴。

不慎倒地时,双膝尽量前屈,护住胸腔和腹腔重要脏器,侧躺在地。

　　幼儿园、学校等场所在出现火情、地震等紧急情况时,在场的教师和领导要注意按照应急疏散指示、标识和图示合理正确地疏散学生。

　　如果出现拥挤踩踏的现象,应及时联系外援,寻求帮助,迅速拨打 110 或 120 等电话求助。

　　切记:灾难面前,老师应以身作则,具有职业精神,首先确保学生安全。

踩踏事故

菲律宾踩踏事故

　　2006年2月4日,菲律宾最大的私营电视台ABS–CBN在马尼拉东郊帕西格市某体育馆举办庆贺"Wowowee"抽奖节目开办一周年活动。主办方向参与者提供奖金和汽车等实物奖品,大奖高达100万比索(约合1.92万美元)。由于奖金丰厚,吸引了约2.5万名民众在前两天就来到现场,有的民众还专程从外地赶来,在体育馆外露宿等待进场。由于现场只能容纳1.7万人,主办方在发现现场容纳不下这么多人之后,才决定分发数量有限的入场券,从而引发人群混乱,随后发生严重的踩踏事故,造成93人死亡、392人受伤的惨剧。

　　该事故暴露的主要问题是主办方组织不力,政府监管不到位;现场秩序混乱,组织者与警方协调不够;人潮拥挤恐慌,极易引发踩踏事故。

踩踏事故的互救

踩踏事故不同于地震、水灾、风灾和泥石流等自然灾害，是人类踩踏自身引起的死伤。良好公德和道德的培养至关重要。踩踏事故是群体性灾难，身为群体中的一员，应该及时在灾难来临时担负起公民应有的社会责任，帮助群体躲避灾难，及时开展互救，有利于减少伤亡人数。这就要求：提高全民素质，强力提升群众应对危机的技能；培养广大群众遵纪守法、团结互助的文明道德行为规范；广泛宣传应对突发公共事件的互救常识，全社会共同处置危机，才能将踩踏事故的伤害降至最低。

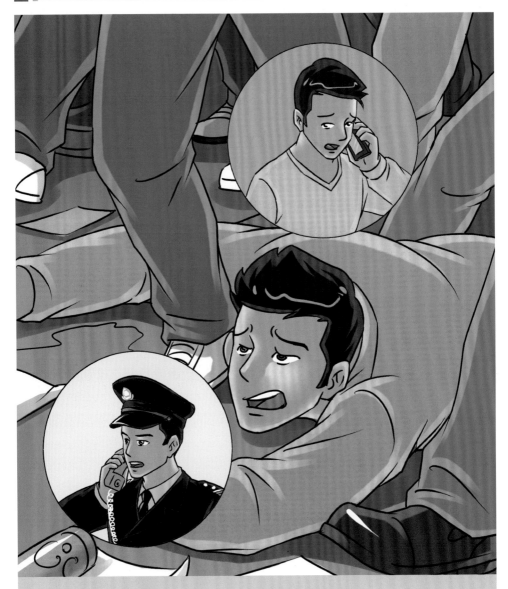

　　各种大型集会前,组织方必须建立应急预案,并报备相关监管部门。一旦发生踩踏事故,要立即启动踩踏应急预案,迅速抢救受伤人员,并在规定时间内向上级主管部门报告。

◎ **紧急呼救**

踩踏事故发生后,应迅速拨打 110、120 等急救电话,请求帮助联系相关部门。同时留意身边的受伤者,不要单独留下伤员不管。

利用各种通信联络手段,紧急呼救,并及时反馈事故现场的方位、伤员数量、伤情程度、处理情况等信息。

◎ **维持秩序**

当发生踩踏意外伤害时,不要惊慌失措,要保持镇静,设法维护好现场秩序,为伤员及时救治创造一个合适的环境。

◉ **保护儿童**

大型集会时,如果人群骚动或发生踩踏事故,要尽快把身边的孩子抱起来。

2004年2月6日,是北京市密云县密虹公园举办的密云县第二届迎春灯展第6天,当晚7时45分,怀疑因一观灯游人在公园桥上跌倒,引起身后游人拥挤,造成踩死、挤伤游人的特别重大恶性事故。事故造成37人死亡,15人受伤,死者多为妇女和儿童。

◉ **疏导现场**

 安保人员要利用一切手段快速疏导现场,尽快疏散群众到安全地点,禁止无关人员滞留现场,防止有人故意制造恐慌气氛,避免事故再次发生。

◉ **踩踏事故中的医疗救助**

踩踏事故中引起的人体伤害主要包括：骨折、出血、挤压伤、窒息及撕裂伤等，最严重的是死亡。

　　踩踏事故中伤员的伤情与交通事故伤或地震坍塌伤等基本类似。需要特别注意的是在踩踏事故中,伤员有可能多处或反复遭受严重踩踏、挤压,有可能并发烧伤、烟雾致气道损伤等,形成复合伤。伤情可能较为复杂,需要更加仔细地考虑和检查。

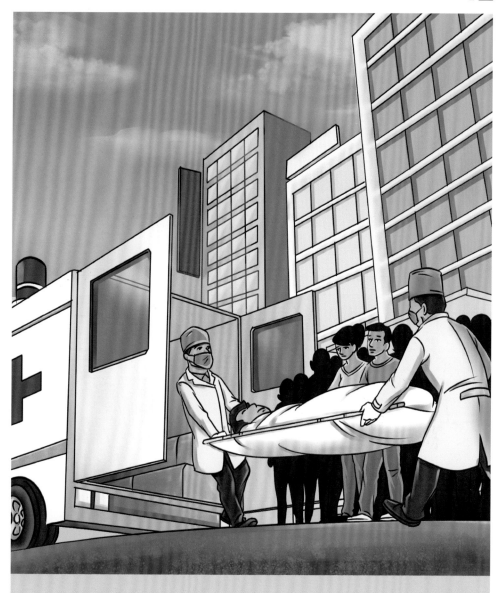

　　踩踏事故现场,伤员可能是一个或多个,同一个伤员可能多处受伤。现场救护要分清主次、轻重、缓急,以"先救命、后治伤"为原则。

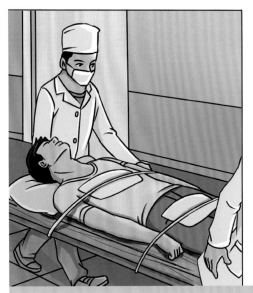

在救治中,要遵循"先救重伤者"的原则。

判断伤势的依据:神志不清、呼之不应者,伤势较重;脉搏急促而乏力者,伤势较重;血压下降、瞳孔放大者,伤势较重;有明显外伤,血流不止者,伤势较重。当发现伤员呼吸、心跳停止时,要赶快做心肺复苏。

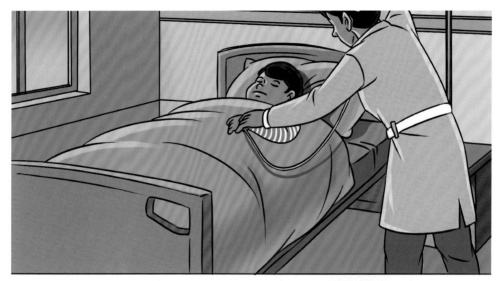

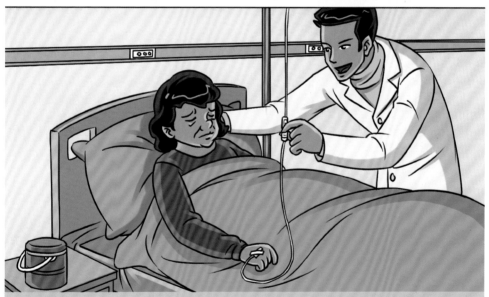

在救治中,还要注意优先救治老人、儿童和妇女。

老人、儿童和妇女由于属于异质群体,往往成为踩踏事故的"重灾人群"。在踩踏事故中被叠压在最底层的伤员往往伤势最重,也是需要优先救治的人群。

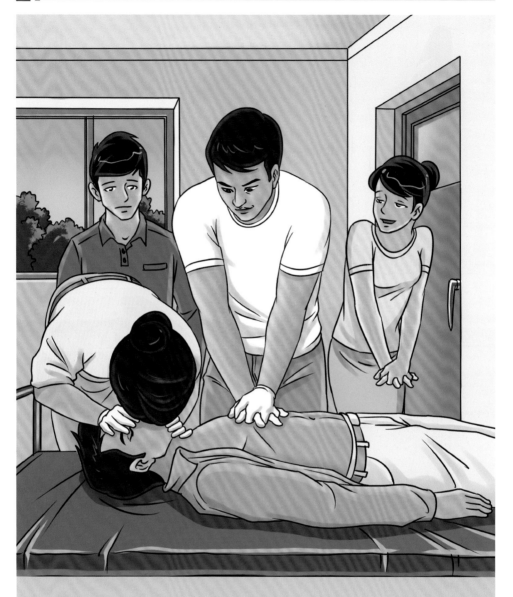

　　在专业医务人员到达之前,现场人员要抓紧时间用科学的方法进行自救和互救。在事发现场应积极采取正确有效的救助措施,为救治伤者赢得时间。

　　鼓励居民学习常见的应急医疗救助方法,例如心肺复苏、止血、搬运伤员等。

◉ **心肺复苏的要点**

　　对呼吸困难、窒息和心脏停搏的伤员,迅速将其置头于后仰位,托起伤员下颌,使其呼吸道畅通,同时施行心肺复苏操作,就地抢救。

◎ 骨折的处置

发生骨折后,应设法固定骨折部位,防止发生位移。固定时,应针对骨折部位采取不同的方式,可用木板、木棍加捆绑的方式固定骨折部位。如果发生骨折而无大量出血,事故发生地离医院较近,且周围环境不会对伤者产生二次伤害时,可让受伤者原地不动,等待医生救助。

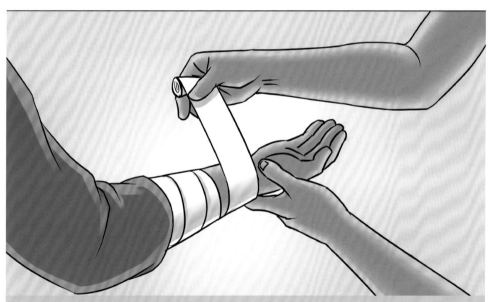

◉ 大量出血不止的处置

受伤者被伤及较大的动、静脉血管,流血不止时,必须立刻采取止血措施。常见的止血方法有加压包扎止血法和指压止血法。加压包扎止血法是用干净、消过毒的厚纱布覆盖在伤口处,用手直接在敷料上施压,然后用绷带、三角巾缠绕住纱布,以便持续止血。指压止血法是用手指压住出血伤口的上方(近心端),阻断血流,达到止血的目的。

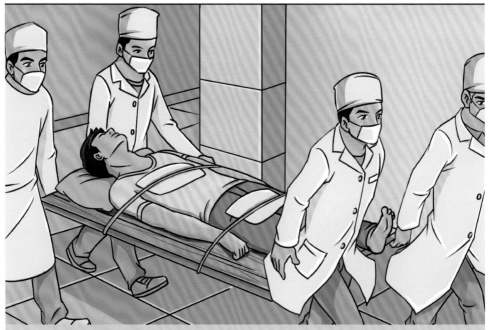

◉ **怎样运送伤员**

（1）**运送时机**：在周围环境不危及伤员生命时，一般不要随便搬动伤员，必须先抢救，妥善处理后再搬动。

（2）**搬运方法**：运送时尽可能不摇动伤员的身体。若遇脊椎受伤者，应用硬木板担架搬运，并应将其身体固定在担架上。切忌一人抱胸、一人搬腿的双人搬抬法，这样搬动易加重伤员的脊椎损伤。

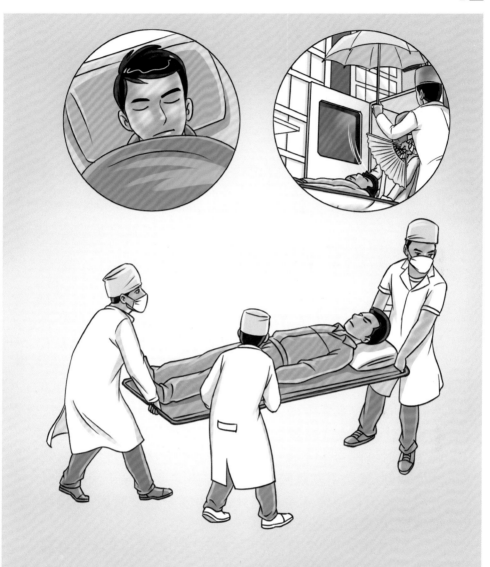

（3）**观察时需注意事项**：运送伤员时，要特别注意保持伤员的呼吸道通畅，防止其发生窒息，随时观察其呼吸、出血、面色变化等情况，注意伤员姿势。寒冷季节注意给伤员保暖，而高温季节则注意给伤员避暑降温。

踩踏事故

校园踩踏事故

近年来,全国发生在校园的踩踏事故急剧增加,对中小学生生命安全构成了严重威胁,中小学安全管理工作形势十分严峻。

2009年12月7日晚10时许,湖南省湘潭市辖内的湘乡市私立学校育才中学发生一起伤亡惨重的校园踩踏事件,初步统计共造成8名学生遇难,26人受伤。这一惨剧发生在晚上9时许晚自习下课之际,学生们在下楼梯的过程中,一学生跌倒,骤然引发踩踏事故。造成此次事故除了学校没有开展过类似应急演练等原因外,学生安全意识薄弱,在楼梯间拥挤,也是原因之一。

2013年2月27日,湖北省老河口市秦集小学发生踩踏事故,致4名学生死亡,10余人受伤。

原因:当日值班老师没有按时打开楼道铁门,致使急于出门晨练的学生下楼时相互拥挤,将铁栅栏门挤开,导致踩踏事故。

校园踩踏事故

每一起偶然事故的背后都潜藏着某种必然，这就是：人们普遍对生命健康和安全的漠视。踩踏事故中，尤为让人痛心的是校园踩踏事故，瞬间，许多含苞待放的生命就这样逝去了。

针对校园踩踏事故,目前提出的一些防范措施:

措施1:整治班级超编

学校超规模招生是诱发踩踏事故的主要原因之一。一方面,这些学校要尽可能将大班额、低年级学生安排在底楼或较低楼层;另一方面,严格按计划招生,严格控制班额,小学每班不超过45人,中学每班不超过48人。

措施 2:非寄宿学校不能强迫晚自习

　　各级教育行政部门已发文明确规定,如果不是寄宿制的学校,不能强迫学生参加晚自习。初中学校晚自习时间不得超过两小时。在晚自习下课时,一定要有老师在场,引导学生有秩序下楼。

措施3:加强应急疏散演习

　　要制订预防校园拥挤踩踏事故的应急预案,平时加强演练。学校要利用广播体操的机会,经常性开展紧急疏散演习,适当错开时间,分年级、分班级逐次下楼,并安排教职工在楼梯间负责维持秩序,管理学生。应使应急疏散演习制度化、常态化,做好防范,演习中必须特别注意安全。

措施 4：在学生中开展生命教育

  学校要利用班会课等机会开展主题教育，让老师和学生明白互相踩踏有什么后果，让学生明白如何应急疏散，如何自救和互救。要让学生了解在楼梯间打闹、搞恶作剧的危险性，充分认识到发生拥挤的后果就是踩踏事故，学习防范措施，增强学生的防范意识。

措施 5：建立健全各项管理制度

　　中小学校要尽快健全校内各项安全管理制度,将安全工作的各项职责层层分解,落实到人,每一位班主任、任课教师都要担负起对学生进行安全管理和教育的责任。①要专门建立针对预防学生拥挤踩踏事故的制度;②要建立定期检查制度;③要制订教师值班制度。

　　事故防范:踩踏事故发生时间多在放学或集会、就餐时,学生相对集中,且心情急迫。

　　应对措施:集会、课间操等集体活动,学生集体上下楼时,各班学生行走线路固定,依次、有序地上下楼。在上操、集合等上下楼活动中,不求快,要求稳。要经常对学生进行文明礼仪教育以及防踩踏安全教育,上下楼梯靠右行,不拥挤,防止事故发生。

　　事故防范:事故发生地点多在教学楼一、二层之间的楼梯拐弯处。上面几层的学生下到此处相对集中,容易形成拥挤。

　　应对措施:坚持楼道值班制度,集会、课间操等集体活动,楼道口都要有专人执勤,值班老师按时站岗值日,负责学生上下楼梯的安全。

事故防范:楼梯较窄,不能满足人员集中上下楼的需要。

应对措施:尽量避免集体活动,当楼梯发生踩踏等安全事故时,教师要及时组织疏导,防止事故进一步扩大。每周检查楼梯和扶手的稳固性,隐患一经发现,立即消除。

一旦发生拥挤踩踏,教学楼所有大小门都要打开,便于及时有效疏散。

　　事故防范：个别学生搞恶作剧，遇有混乱情况时趁势狂呼乱叫，推搡拥挤，以此发泄情绪或恶意取乐，致使惨剧发生。

　　应对措施：保持楼道畅通，教育学生在楼梯上不能追跑打闹、游戏玩耍。文明监督员要随时纠察不遵守学校楼梯管理规定的学生，并对其进行教育。楼道中万一发生拥挤起哄时，立即停止前进，并向周围同学发出警报，待适当疏散后再有序前进。

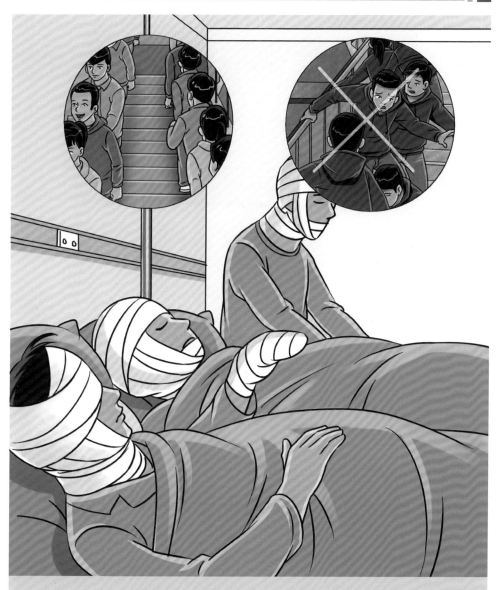

　　事故防范:学生不易控制自己的情绪,遇事慌乱,常常出现拥挤并大喊大叫的现象,使场面失控。

　　应对措施:在特定情况下学校对学生进行分时段放学,要求学生遵守秩序、轻声慢步、礼让右行,不能拥挤。

事故防范:学生不善于自我保护,在拥挤时或弯腰拾物时被挤倒,或被滑倒、绊倒,造成挤压事故。

应对措施:教师有责任教育学生遵守学校规定,特别是上下楼梯应该注意的安全问题要经常讲,以引起学生的高度重视。

　　事故防范:晚上突然停电或楼道灯光昏暗,容易造成拥挤事故。

　　应对措施:确保楼道照明灯能正常使用,张贴安全上下楼的警示标识和提示语。制订停电的应急措施,加强对学生进行自我保护常识的教育,教育学生遇突发事件不惊慌,增强自我保护和自救能力。学校应在楼道里安装应急灯,及时清理楼道、楼梯间等处的堆积物,确保楼道、楼梯通畅。

  应对踩踏,心理镇静是个人逃生的前提,服从大局是集体逃生的关键。当出现拥挤踩踏时,应保持情绪稳定,切忌惊慌失措。要听从现场老师的指挥,服从大局。当发现自己前面有人突然摔倒时,要马上停下脚步,同时大声呼救。若被推倒,要设法靠近墙壁,身体蜷成球状,双手在颈后紧扣,以保护身体最脆弱的部位,同时尽量露出口鼻,保持呼吸通畅。

　　学校一旦发生踩踏事故,要立刻采取有效的应对措施,最大程度地减少事故对学生造成的伤害。①启动应急预案:踩踏事故发生后,学校要立即启动《学校拥挤踩踏事故应急预案》。②迅速拨打110、120电话呼救,抢救受伤人员。在规定时间内向上级有关部门报告,同时做好伤亡者家长的工作。③快速疏导现场人员。④紧急救护伤员,在专业医务人员到达之前,学校要抓紧时间用科学的方法对伤员进行救护。

踩踏事故发生后学校要做好各项善后处理工作。

（1）及时向上级管理部门报告事故的最新情况，特别是学生伤亡情况。

（2）组织人员到医院看望受伤学生，协助有关部门处理好受伤学生治疗、康复和医疗费等问题。

（3）认真接待好家长，并稳定家长情绪。

（4）配合相关部门做好事故调查和善后处理工作。

（5）对学生进行心理辅导，消除事件对他们心理的影响。